Rimuovere la CO_2 dall'atmosfera abbasserebbe la temperatura da 15°C a 14.994°C

ROGELIO PEREZ CASADIEGO

DEDICA

"A tutti gli scienziati e ricercatori che cercano instancabilmente di espandere la conoscenza del nostro mondo. La vostra infaticabile curiosità e dedizione ci permettono di comprendere meglio i complessi processi che governano il clima del nostro pianeta. Possa questo libro ispirare nuove generazioni a continuare ad esplorare i misteri che devono ancora essere svelati con mente aperta."

INDICE

RINGRAZIAMENTI

"Il completamento di questo libro sarebbe stato impossibile senza l'aiuto del mio Signore Gesù Cristo, che ci dà guida e saggezza attraverso lo Spirito Santo. Vorrei anche esprimere la mia più profonda gratitudine alla mia famiglia per il loro amore incondizionato e per aver sempre incoraggiato le mie aspirazioni accademiche e professionali. Infine, ringrazio tutti i lettori per aver dato vita a questo libro. Spero che le sue pagine risveglino il vostro pensiero critico e forniscano nuove intuizioni su questo fenomeno che ci riguarda tutti."

Prefazione

Il libro, attraverso un approccio matematicamente rigoroso, scompone la composizione atmosferica molecola per molecola, analizzando l'energia cinetica, le velocità molecolari e i contributi termici dei principali gas atmosferici. L'opera si distingue per la sua prospettiva microscopica, sfidando i modelli di cambiamento climatico ampiamente accettati presentando un'analisi granulare del movimento molecolare e del trasferimento di energia.

La teoria dell'effetto serra si basa principalmente sulla CO2 e sulla sua ritenzione di radiazione infrarossa. In questo libro, viene lanciato un allarme sul volume di CO2 nell'atmosfera e sulle caratteristiche della radiazione infrarossa, che è luce, e la luce, a causa della sua mancanza di massa, non può trasferire calore.

La narrazione centrale del libro ruota attorno a una rivalutazione critica dell'impatto della anidride carbonica sulla temperatura globale. Calcolando con precisione le concentrazioni e le energie molecolari, il documento suggerisce che il contributo termico della CO2 è molto più minimo di quanto solitamente ritenuto: contribuisce appena minimamente alla temperatura atmosferica totale, che difficilmente cambierebbe se la CO2 fosse completamente eliminata dall'atmosfera.

1. Introduzione

"Rimuovere la CO_2 dall'atmosfera abbasserebbe la temperatura da 15°C a 14.994°C" emerge come un testo scientifico provocatorio che mette fondamentalmente in discussione la nostra comprensione della dinamica atmosferica e della scienza del clima. In sostanza, il libro rappresenta un'indagine meticolosa a livello molecolare sui meccanismi intricati che regolano i sistemi termici del nostro pianeta, offrendo una radicale rilettura delle ipotesi di lunga data sui gas serra e la regolazione della temperatura.

L'opera si distingue per un approccio straordinariamente dettagliato che scompone la composizione atmosferica con precisione matematica ben oltre la ricerca climatica tradizionale. Concentrandosi sul mondo microscopico delle interazioni molecolari, il libro rivela una complessa danza dei gas atmosferici che sfida le narrative semplificate che circondano il cambiamento climatico.

Un elemento centrale dell'argomentazione del libro è un'analisi completa di quattro gas atmosferici primari: azoto, ossigeno, argon e anidride carbonica, che rappresentano oltre il 99,9% dell'atmosfera. Attraverso calcoli rigorosi delle velocità molecolari, energie cinetiche e contributi termici, l'autore presenta una prospettiva contro-intuitiva su come questi gas interagiscono e contribuiscono alla temperatura atmosferica. La scoperta più sorprendente è il ruolo apparentemente insignificante della anidride carbonica, un gas spesso presentato come il principale motore del riscaldamento globale.

La metodologia del libro è sia il suo punto di forza che l'aspetto più controverso. Applicando principi termodinamici avanzati e la teoria cinetica molecolare, l'autore calcola che la anidride carbonica contribuisce appena 0,006°C alla temperatura e allo 0,04% del calore atmosferico totale. Questa scoperta sfida direttamente il consenso scientifico predominante sull'effetto serra e sul ruolo della anidride carbonica nella dinamica climatica.

Il libro conduce i lettori in un viaggio scientifico che inizia con la composizione atmosferica di base e progressivamente si addentra in analisi molecolari più complesse. Ogni capitolo si costruisce sul precedente, sviluppando un argomentazione integrale che mette in discussione i modelli climatici consolidati, letteralmente a livello molecolare.

La ricerca va oltre la semplice presentazione di dati; rappresenta una coraggiosa critica scientifica che richiede una rivalutazione fondamentale delle metodologie della scienza climatica. Evidenziando l'energia cinetica uniforme dei diversi gas atmosferici e il contributo termico minimo del diossido di carbonio, il libro invita (e sfida) la comunità scientifica a riconsiderare la sua comprensione fondamentale dei processi atmosferici.

Tuttavia, l'autore si premura di collocare il proprio lavoro nel più ampio panorama scientifico. L'ultimo capitolo riconosce esplicitamente che questa prospettiva rappresenta un'opinione di minoranza e che il consenso scientifico schiacciante continua a sostenere il ruolo significativo dei gas serra nel cambiamento climatico. Questo approccio sfumato dimostra un impegno verso il dibattito scientifico piuttosto che un rifiuto categorico.

Ciò che rende questo libro particolarmente affascinante è il suo approccio alla ricerca scientifica. Invece di basarsi su osservazioni macroscopiche generali, esso scompone i sistemi climatici fino al loro livello molecolare più fondamentale. I calcoli rivelano un mondo di interazioni atmosferiche molto più complesse e sottili di quanto suggeriscano i modelli climatici tradizionali: un balletto molecolare di trasferimento energetico che sfida le nostre più basilari ipotesi su come viene regolata la temperatura del nostro pianeta.

Per scienziati, ricercatori e lettori curiosi, il libro offre un'esplorazione avvincente e rigorosamente matematica della dinamica atmosferica. Non è un rifiuto definitivo delle teorie sul cambiamento climatico, ma un provocatorio invito a un'indagine scientifica più profonda, evidenziando l'importanza di una ricerca scientifica continua, critica e trasparente.

Ultimamente, il libro è un tributo alla natura evolutiva della comprensione scientifica, un monito che la nostra conoscenza è sempre provvisoria, sempre soggetta a riesame, e che le più profonde intuizioni scientifiche spesso emergono mettendo in discussione le narrazioni più ampiamente accettate.

2 Crisi climatica

I cambiamenti climatici sono diventati una delle più grandi sfide che l'umanità deve affrontare nel XXI secolo. Questo fenomeno consiste nell'aumento sostenuto della temperatura media della superficie terrestre e degli oceani che è stato rilevato negli ultimi decenni.

Sebbene sia vero che il clima della Terra abbia attraversato cicli di riscaldamento e raffreddamento nel corso della sua storia, come le ere glaciali, da quando c'è stata la rivoluzione industriale l'influenza umana sembra alterare in modo significativo il sistema climatico.

Le temperature globali non hanno smesso di aumentare dall'inizio del XX secolo, accelerando dagli anni '50. Infatti, i 10 anni più caldi da quando esistono registrazioni si sono verificati dal 1998. Tutto indica che questo riscaldamento continuerà durante il XXI secolo e i suoi effetti potrebbero essere catastrofici.

Tra le possibili conseguenze del riscaldamento globale ci sono lo scioglimento dei poli e dei ghiacciai, l'innalzamento del livello del mare, una maggiore frequenza e intensità di eventi meteorologici estremi come uragani, inondazioni o siccità, la desertificazione di aree fertili o l'estinzione di numerose specie che non si adatteranno ai cambiamenti.

Le cause del riscaldamento globale sono oggetto di un intenso dibattito scientifico. La comunità scientifica ha stabilito il cosiddetto "effetto serra" causato dalle emissioni di gas serra come l'anidride carbonica come causa principale di questo fenomeno. Secondo questa teoria maggioritaria, la combustione di combustibili fossili sta aumentando la concentrazione di questi gas, intrappolando il calore del Sole e riscaldando così il pianeta.

Esistono anche teorie alternative che indicano cause naturali come variazioni della radiazione solare, l'assorbimento della radiazione ultravioletta da parte dell'ossigeno atmosferico, processi oceanici interni e cicli climatici a lungo termine. Il dibattito centrale ruota attorno a quanto del riscaldamento misurato è dovuto a fattori naturali rispetto antropici.

Di recente sono emerse voci contrarie che mettono in discussione le fondamenta di questa teoria dominante. Mettono in discussione, ad esempio, che i gas serra che rappresentano solo lo 0,04% dell'atmosfera possano causare un impatto di tale portata sul 100% della temperatura dell'atmosfera, oltre a non tenere conto dell'impatto del restante 99,96% dei gas atmosferici. Inoltre, non vedono una correlazione così definita tra i livelli storici di CO2 e le temperature.

Date queste incertezze, vale la pena esplorare ipotesi alternative che forniscano nuova luce sulle cause del riscaldamento globale.

* **Modelli meteorologici.**

Il riscaldamento globale sta causando diffuse perturbazioni al sistema climatico della Terra. Questo fenomeno è anche conosciuto come cambiamento climatico antropogenico, poiché si ritiene sia causato dall'azione umana.

Il clima del nostro pianeta è variato nel corso della sua storia, attraversando periodi glaciali e fasi più calde. Tuttavia, dalla rivoluzione industriale, l'influenza umana sta causando un cambiamento climatico accelerato al di fuori dei cicli naturali.

Le conseguenze di questo cambiamento climatico possono essere devastanti sia per gli ecosistemi che per le società umane.

Cause antropiche:

- Emissioni di CO2 e altri gas serra dalla combustione di combustibili fossili e dai cambiamenti di uso del suolo.
- Inquinanti come il metano e gli aerosol carboniosi che contribuiscono al forzante radiativo.

Cause naturali:

- Variabilità della radiazione solare dovuta all'attività magnetica e ai cicli solari.

- L'assorbimento della radiazione ultravioletta delle molecole di ossigeno atmosferico, che costituiscono il 21% di tutte le molecole atmosferiche.

- Eruzioni vulcaniche che rilasciano aerosol e gas serra.

- Variazioni dell'orbita terrestre che modificano l'insolazione planetaria.

- Scambio oceano-atmosfera e oscillazioni climatiche interne come El Niño-La Niña.

Il peso relativo di questi fattori naturali rispetto ai fattori antropici nel riscaldamento osservato continua a essere un'area di intensa ricerca scientifica.

Risposte al cambiamento climatico

Mentre la comunità internazionale dibatte sulle cause, esiste già un ampio consenso sulla necessità di rispondere al cambiamento climatico attraverso strategie di mitigazione e adattamento:

Mitigazione:

- Riduzione delle emissioni di CO2 attraverso una maggiore efficienza energetica, energie rinnovabili e sequestro del carbonio.

- Diminuzione delle emissioni di altri gas serra come il metano.

- Transizione verso modelli agricoli, di allevamento e silvicoltura sostenibili.

Adattamento:

- Sistemi di allerta precoce e preparazione ad eventi meteorologici estremi.

- Gestione delle acque e dell'agricoltura di fronte a siccità e inondazioni.

- Pianificazione delle città e protezione delle aree costiere considerando l'innalzamento del livello del mare.

- Gestione degli ecosistemi per preservare servizi e habitat di fronte al cambiamento climatico.

- Assistenza sanitaria e rafforzamento della resilienza nelle popolazioni vulnerabili.

- Politiche di migrazione e sicurezza in risposta a disastri legati al clima.

- Risarcimento per perdite e danni nei paesi più colpiti.

Nonostante le incertezze sulle cause e le proiezioni future del cambiamento climatico, la comunità globale concorda sulla necessità di azioni concertate per mitigarne gli impatti e costruire una maggiore resilienza. Il futuro vivibile del pianeta dipende da una risposta rapida, audace e sostenuta a questa sfida definitoria della nostra era.

Le prove del riscaldamento globale sono inequivocabili e includono molteplici indicatori misurati in modo indipendente da scienziati di tutto il mondo. Le temperature medie globali della superficie sono aumentate di circa 1,18°F (0,65°C) tra il 1951 e il 2019. Gli ultimi decenni hanno registrato le temperature più alte degli ultimi 125.000 anni.

L'aumento delle concentrazioni atmosferiche di anidride carbonica misurate in stazioni come Mauna Loa, nelle Hawaii, è coerente con le emissioni di CO2 dalla combustione di combustibili fossili. Le concentrazioni attuali superano 410 ppm, ben al di sopra della gamma naturale degli ultimi 800.000 anni.

I ghiacciai di tutto il mondo si sono drammaticamente ridotti. Il ghiaccio marino nell'Artico si è ridotto in area e spessore, con minimi record nel 2012 e nel 2007. La calotta glaciale della Groenlandia ha perso una media di 286 miliardi di tonnellate di ghiaccio all'anno tra il 1993 e il 2019, contribuendo all'innalzamento del livello del mare.

L'acidificazione degli oceani sta accelerando poiché assorbono circa il 30% dell'eccesso di CO2 antropogenica nell'atmosfera. Gli oceani sono attualmente circa il 30% più acidi che nei tempi preindustriali.

Eventi di precipitazioni estreme sono diventati più frequenti in diverse regioni del mondo dagli anni '50. Anche la frequenza e l'intensità degli uragani atlantici sono aumentate sostanzialmente negli ultimi decenni.

Il livello medio globale del mare è aumentato di 8-9 pollici dal 1880, accelerando a un tasso di 0,13 pollici all'anno dal 2006, principalmente a causa dell'espansione termica degli oceani e dello scioglimento di ghiacciai e calotte glaciali.

In sintesi, molteplici indicatori misurati in modo indipendente utilizzando diverse tecniche forniscono prove inconfutabili che la Terra si sta riscaldando rapidamente, con profonde conseguenze per ecosistemi e popolazioni umane.

3. La teoria dell'effetto serra

La teoria dell'effetto serra postula che alcuni gas presenti nell'atmosfera, detti gas serra, trattengano parte dell'energia irradiata dalla superficie terrestre, causando un aumento della temperatura atmosferica e del sistema climatico globale.

I principali gas serra sono:

- Anidride carbonica (CO_2): generata in grandi quantità dalla combustione di combustibili fossili, dalla deforestazione e da altri processi industriali e agricoli. È il gas a cui si attribuisce il maggiore effetto.

- Metano (CH_4): emesso da allevamenti, coltivazione di riso, discariche, estrazione di gas e petrolio e combustione di biomasse. Ha un effetto serra 25 volte maggiore della CO_2.

- Ossido di diazoto (N_2O): prodotto principalmente dall'utilizzo di fertilizzanti azotati. Il suo potenziale di riscaldamento è 298 volte maggiore dell'anidride carbonica.

- Idrofluorocarburi (HFC): utilizzati come refrigeranti e propellenti. Hanno un potenziale tra 140 e 11.700 volte maggiore della CO_2.

- Perfluorocarburi (PFC): derivano dalla produzione di alluminio e dalla fabbricazione di semiconduttori. Il loro effetto è 6.500-9.200 volte maggiore della CO_2.

- Esafluoruro di zolfo (SF_6): utilizzato nelle apparecchiature elettriche ad alta tensione. È il gas con il maggiore potenziale di riscaldamento: 23.500 volte superiore alla CO_2.

- Vapore acqueo: è esso stesso un gas serra e viene potenziato con l'aumento delle temperature.

Secondo questa teoria, questi gas hanno la capacità di assorbire selettivamente la radiazione infrarossa emessa dalla superficie terrestre quando viene riscaldata dalla radiazione solare. Poi riemettono energia in tutte le direzioni di nuovo, parte della quale ritorna alla superficie, causando un effetto simile a quello di una serra.

Questa teoria emerse nel XIX secolo e fu sviluppata principalmente dal matematico Joseph Fourier e dal chimico Svante Arrhenius. Verso la fine del XX secolo raggiunse la sua attuale formulazione canonica ad opera dell'IPCC (Intergovernmental Panel on Climate Change).

Mentre gode del consenso maggioritario, negli ultimi anni sono emerse obiezioni alla teoria dalla termodinamica classica e dalla fisica dei fluidi.

* **Origini e fondamenti**

La teoria dell'effetto serra ebbe i suoi primi contorni nel XIX secolo, sulla base di alcune osservazioni empiriche. Nel 1824, il fisico Joseph Fourier calcolò che, in base alla sola radiazione solare incidente, la Terra dovrebbe avere una temperatura media di -18°C. Dal momento che la temperatura reale era molto più alta, dedusse che doveva esserci un altro fattore che contribuisce al riscaldamento atmosferico.

In seguito, nel 1896, il chimico Svante Arrhenius quantificò l'influenza dei livelli di anidride carbonica (CO2) sul riscaldamento globale, calcolando che un raddoppio di CO2 avrebbe aumentato la temperatura tra 5 e 6°C. Fu il primo a postulare che le attività umane che emettono CO2 potrebbero cambiare il clima globale.

Queste idee iniziali furono consolidate negli anni '50 e '60 con il lavoro di Gilbert Plass, Roger Revelle e Charles Keeling. Le loro misurazioni precise della CO2 atmosferica gettarono le basi empiriche della teoria.

In sostanza, l'effetto serra si basa sul fatto che alcuni gas atmosferici sono opachi alla radiazione infrarossa ma trasparenti alla radiazione solare a onde corte. Trattenendo il calore che la superficie terrestre emette a causa della radiazione solare assorbita, agirebbero come il tetto di una serra.

Così, la teoria dell'effetto serra emerse come paradigma dominante per spiegare il riscaldamento globale osservato a partire dal XX secolo.

* **Composizione dell'atmosfera terrestre**

Per valutare adeguatamente il ruolo svolto dai gas serra nel riscaldamento globale, è essenziale comprendere in dettaglio la composizione dell'atmosfera terrestre. Vediamo quali sono i principali gas che la compongono e in quali proporzioni.

L'atmosfera è lo strato gassoso che circonda la Terra. Ha un ruolo vitale per la vita, poiché ci protegge dalle radiazioni solari nocive, regola la temperatura planetaria, consente la respirazione e impedisce la perdita di acqua.

È composta dal 78% di azoto, quasi il 21% di ossigeno e altri gas in proporzioni minori. Nello specifico, la composizione media dell'atmosfera secca è:

- Azoto (N_2): 78,09%
- Ossigeno (O_2): 20,95%
- Argon (Ar): 0,93%
- Anidride carbonica (CO_2): 0,04%

L'azoto, in forma molecolare biatomica N_2, è il componente principale. È un gas inerte, il che significa che non reagisce facilmente con altri elementi.

L'ossigeno è un gas altamente reattivo essenziale per i processi respiratori di piante e animali. Si trova nell'atmosfera anche come O_2 biatomico.

L'argon è anch'esso un gas nobile e non reattivo. Insieme ad azoto e ossigeno costituiscono quasi il 99,9% dei gas atmosferici.

L'anidride carbonica (CO_2), nonostante sia considerata il principale gas serra, è presente solo in una proporzione dello 0,04%. Questa piccola percentuale rappresenta già un aumento del 48% rispetto all'era preindustriale.

Altri gas traccia importanti per il clima e la vita sono il vapore acqueo, il metano, l'ozono, l'ossido di diazoto e i clorofluorocarburi. Ma nessuno supera le decine o centinaia di parti per milione in volume.

Come si può vedere, i gas identificati dalla scienza del clima come causa dell'effetto serra e del riscaldamento globale rappresentano meno di un decimo dell'uno percento del totale dell'atmosfera.

Ciò porta alcuni scienziati a mettere in dubbio che relativamente piccole variazioni nelle concentrazioni di questi gas serra possano avere un impatto determinante sulla temperatura globale del pianeta.

Suggeriscono che forse dovremmo guardare anche al 99% dei principali gas, come ossigeno e azoto, per possibili fattori che spieghino il riscaldamento globale osservato.

* **Come viene spiegato l'effetto serra**

La teoria dell'effetto serra fornisce la seguente spiegazione di come l'atmosfera mantenga temperature abbastanza calde da sostenere la vita:

- La radiazione solare proveniente dal sole attraversa l'atmosfera senza essere molto assorbita dai gas serra. Colpisce la superficie terrestre e la riscalda a -18°C o 255 Kelvin.

- La superficie irradia radiazione termica infrarossa (-18°C) verso l'alto secondo la sua temperatura. Parte della radiazione attraversa l'atmosfera, ma la maggior parte viene assorbita dalle molecole di gas serra presenti nell'atmosfera (vapore acqueo, anidride carbonica, metano, ecc.).

- I gas serra riemettono radiazione infrarossa in tutte le direzioni. Una parte ritorna alla superficie e alla bassa atmosfera, trasferendo energia termica.

- Alla fine, più radiazione infrarossa rimane nel sistema invece di sfuggire direttamente nello spazio. Ciò "intrappola" il calore vicino alla superficie, causando un riscaldamento.

- L'atmosfera è quindi più calda (14°C), di quanto non sarebbe (-18°C) se i gas serra non assorbissero e ri-irradiassero l'energia infrarossa emessa dalla superficie.

- La teoria dell'effetto serra afferma che questo meccanismo di assorbimento/emissione di radiazioni da parte dei gas serra è responsabile principalmente del mantenimento della temperatura della superficie e della bassa atmosfera ad un livello ospitale per la vita.

- L'aumento dei gas serra come la CO2 amplifica questo effetto, causando un maggiore riscaldamento.

Quindi, la teoria dell'effetto serra spiega che il calore atmosferico deriva dall'assorbimento infrarosso e dalla ri-irradiazione dei gas serra che impediscono al calore di irradiare direttamente nello spazio. Verrà esaminata la validità di questa spiegazione e delle sue assunzioni.

***Il ruolo dei gas serra**

Secondo la teoria dell'effetto serra, gas serra come il vapore acqueo, l'anidride carbonica, il metano e l'ossido di diazoto svolgono un ruolo essenziale nelle temperature superficiali e del basso strato atmosferico. Contribuiscono al riscaldamento superficiale nei seguenti modi:

- I gas serra consentono il passaggio della radiazione solare visibile e ultravioletta attraverso l'atmosfera senza assorbirne molta. Ciò consente alla radiazione solare di raggiungere e riscaldare la superficie.

- Questi gas assorbono parte della radiazione termica infrarossa emessa verso l'alto dalla superficie riscaldata prima che possa sfuggire direttamente nello spazio.

- Riemettono la radiazione infrarossa assorbita in tutte le direzioni, rimandandone una parte verso la superficie e la bassa atmosfera. Ciò trasferisce energia termica di nuovo alla superficie/aria.

- Questo ciclo di assorbimento e riemissione della radiazione infrarossa fa sì che venga trattenuto più calore vicino alla superficie di quanto non avverrebbe se la radiazione tornasse direttamente nello spazio.

- Senza questo effetto serra, la teoria sostiene che la temperatura media del pianeta sarebbe di -18°C invece degli attuali 14°C.

- Livelli crescenti di gas serra amplificano questo effetto di riscaldamento perché viene assorbita e riemessa più radiazione infrarossa.

Pertanto, i gas serra sono considerati i propulsori delle temperature superficiali e atmosferiche elevate, agendo come una "coperta" di radiazione infrarossa che trattiene il calore nella bassa atmosfera che altrimenti sfuggirebbe.

Questa premessa contiene errori scientifici. La radiazione infrarossa non è una forma di calore. Non può essere "intrappolata" e reindirizzata per riscaldare la superficie. La teoria ignora che tutte le molecole atmosferiche emettono infrarossi in base alla loro temperatura. Trascura anche la conduzione di calore tra la superficie e l'atmosfera.

Inoltre, i gas serra costituiscono una parte insignificante dell'atmosfera. Le loro proprietà radiative sono irrilevanti per la temperatura dell'intero sistema. La temperatura dipende dall'energia cinetica molecolare totale, non dalle qualità radiative dello 0,04% delle molecole.

Eppure la teoria si basa interamente sulle proprietà radiative dei gas serra per spiegare la temperatura. Questo è scientificamente non valido. Vengono ignorati i ruoli della conduzione, convezione, la maggior parte dei gas non serra e i principi della termodinamica.

In sintesi, il presunto ruolo di gas serra minori nel trasferimento di calore e nella determinazione della temperatura è profondamente fallace. Una teoria scientificamente valida non può ignorare il 99,96% dell'atmosfera e il comportamento stabilito del trasferimento di calore. Il ruolo effettivo dei gas serra deve essere rivalutato dai fondamenti della termodinamica.

***Spiegazione dell'IPCC**

I rapporti dell'Intergovernmental Panel on Climate Change (IPCC) colgono la visione standard della teoria dell'effetto serra e quella che ha raggiunto il maggior consenso nella comunità scientifica internazionale.

Secondo l'IPCC, i gas serra agiscono come una coperta che avvolge la Terra e rende la sua superficie e la bassa troposfera molto più calde di quanto non sarebbero senza la presenza di questi gas nell'atmosfera.

Il meccanismo funziona così: la radiazione solare a onde corte attraversa l'atmosfera senza impedimenti. Parte di questa radiazione viene assorbita dalla superficie terrestre, riscaldandola. Come qualsiasi corpo, la Terra emette radiazioni in proporzione alla sua temperatura, ma essendo più fredda del Sole, irradia a lunghezze d'onda più lunghe, nello spettro infrarosso termico. I gas serra intrappolano questa radiazione infrarossa emessa dalla superficie e ne rimandano una parte verso la superficie.

In questo modo, il calore viene impedito di sfuggire facilmente nello spazio, causando un effetto simile a quello osservato in una serra. Maggiore è la concentrazione di questi gas, maggiore è il blocco della fuga di radiazione infrarossa e maggiore è l'aumento della temperatura del pianeta.

Questa spiegazione fornita dall'IPCC è la visione canonica della teoria dell'effetto serra e quella che ha raggiunto il maggior consenso nella comunità scientifica internazionale.

4. Limiti della teoria dell'effetto serra

La teoria scientifica dominante che attribuisce il riscaldamento globale all'aumento dell'effetto serra dovuto all'azione umana presenta alcuni importanti limiti che ne mettono in discussione la capacità di spiegare completamente questo fenomeno climatico.

Il primo limite ha a che fare con la reale proporzione dei gas serra nell'atmosfera. Questi gas insieme costituiscono meno dell'1% del volume totale dell'atmosfera, mentre il restante 99% è composto principalmente da azoto e ossigeno, che non trattengono il calore infrarosso. Ciò rende difficile pensare che piccole alterazioni nella concentrazione di gas serra possano avere un impatto decisivo sul clima globale. Non dimentichiamo che la temperatura in atmosfera è originata al 100% da essa.

Un altro importante limite si riferisce alle discrepanze temporali tra le misurazioni storiche della temperatura e le concentrazioni di CO2, il principale gas serra. I dati mostrano che non c'è una correlazione così definita e proporzionale tra le due variabili come ci si aspetterebbe se l'ipotesi fosse vera. Per esempio, sono stati documentati periodi di riscaldamento e raffreddamento con livelli di CO2 stabili.

Sono state riscontrate anche divergenze tra le misurazioni della temperatura superficiale e le misurazioni satellitari nella troposfera. Se l'effetto serra agisse come previsto, entrambi dovrebbero registrare tendenze simili, eppure mostrano discrepanze che richiedono indagini.

Un altro limite importante è la difficoltà nel quantificare con precisione il contributo esatto di ciascun gas all'effetto serra globale complessivo. Gli scienziati non concordano sulla percentuale di responsabilità attribuibile a ciascun gas all'interno di un sistema di complesse interazioni climatiche. Le stime dell'effetto della CO2, ad esempio, vanno dal 20% al 70%.

D'altra parte, i modelli climatici computerizzati utilizzati per fare proiezioni di riscaldamento globale contengono un margine significativo di errore e incertezza. Piccole variazioni nei dati in ingresso possono portare a grandi divergenze nelle proiezioni future.

Ci sono anche seri dubbi sulla validità dell'estrapolazione dei risultati degli esperimenti di laboratorio sull'effetto serra dei gas alla complessa atmosfera reale, con la sua dinamica caotica di convezione e circolazione delle masse d'aria.

In breve, la comunità scientifica non è ancora riuscita a comprendere o spiegare in modo soddisfacente tutti i fattori che influenzano il bilancio energetico globale del pianeta. Pertanto, la teoria dominante del riscaldamento globale antropogenico presenta ancora importanti limitazioni e incertezze che richiedono ulteriori ricerche.

5. Leggi della termodinámica

La termodinamica è il ramo della fisica che studia le relazioni tra calore, energia e lavoro. I suoi principi e leggi sono fondamentali per comprendere il comportamento termico dell'atmosfera.

Prima legge della termodinamica: stabilisce che l'energia non si crea né si distrugge, si trasforma soltanto. La variazione di energia interna di un sistema è uguale al calore fornito meno il lavoro compiuto.

$\Delta U = Q - W$

Questa legge ha applicazione universale e stabilisce che tutta l'energia termica assorbita dai gas nell'atmosfera deve essere conservata in qualche modo.

Seconda legge della termodinamica: il calore può passare spontaneamente solo da un corpo a temperatura maggiore a uno a temperatura minore. L'entropia di un sistema isolato non decresce mai.

Questa legge implica che l'atmosfera, avendo una temperatura maggiore della superficie terrestre, non può assorbirne il calore per irraggiamento senza aumentare la propria entropia.

Terza legge della termodinamica: l'entropia di un sistema perfettamente cristallino è zero a zero kelvin (-273,15°C).

I principali scienziati che hanno dato contributi fondamentali allo sviluppo della termodinamica sono:

- Sadi Carnot (1796-1832): ingegnere francese che gettò le basi della termodinamica attraverso l'analisi del ciclo di Carnot e del concetto di rendimento termico. Pose le basi della seconda legge della termodinamica.

- James Prescott Joule (1818-1889): fisico britannico che determinò l'equivalente meccanico del calore stabilendo che lavoro e calore sono manifestazioni della stessa cosa: l'energia.

- Rudolf Clausius (1822-1888): fisico tedesco che coniò i termini "energia" ed "entropia", formulò la seconda legge della termodinamica e il concetto di entropia. Sviluppò la teoria cinetica dei gas.

- William Thomson (Lord Kelvin) (1824-1907): fisico e matematico britannico che propose la scala assoluta delle temperature (gradi Kelvin). Formulò la seconda legge in termini di una quantità chiamata disgregazione del calore.

- Josiah Willard Gibbs (1839-1903): chimico-fisico americano che applicò l'analisi matematica alla termodinamica. Introdusse concetti come l'energia libera di Gibbs che sono fondamentali.

- Ludwig Boltzmann (1844-1906): fisico austriaco che sviluppò la teoria cinetica dei gas e la nozione statistica di entropia mettendola in relazione col disordine molecolare.

- Max Planck (1858-1947): fisico tedesco che diede inizio alla teoria quantistica applicando la termodinamica alla radiazione elettromagnetica, gettando le basi della meccanica quantistica.

***Definizioni di base**

Calore: forma di trasferimento di energia tra due sistemi o tra un sistema e l'ambiente circostante, dovuta a una differenza di temperatura. Il calore fluisce spontaneamente da un corpo a temperatura maggiore verso uno a temperatura minore.

Temperatura: grandezza fisica che riflette il grado o livello di calore di un sistema termodinamico. È proporzionale all'energia cinetica media delle particelle che lo compongono.

Energia termica: energia interna totale di un sistema dovuta all'agitazione casuale delle sue molecole. Dipende dalla temperatura e dalla quantità di materia.

Calore specifico: quantità di energia per unità di massa necessaria per innalzare di un grado la temperatura di una sostanza.

Equilibrio termico: situazione in cui due sistemi a contatto raggiungono la stessa temperatura e non si ha più trasferimento netto di calore tra essi.

Conduzione: meccanismo di trasferimento di calore attraverso un mezzo materiale, per contatto diretto tra molecole.

Convezione: meccanismo di trasferimento di calore per movimento macroscopico di flussi o correnti in liquidi e gas.

Irraggiamento: trasferimento di energia mediante onde elettromagnetiche o fotoni emessi dai corpi in virtù della loro temperatura.

Legge zero della termodinamica: se due sistemi sono in equilibrio termico con un terzo, allora lo sono anche tra loro.

Caloria: unità di misura dell'energia usata per misurare quantità di calore. Equivale a 4,18 J nel Sistema Internazionale.

Questi concetti di base porranno le fondamenta per analizzare teorie sul trasferimento di calore in atmosfera e sul ruolo dei gas serra.

Ulteriori importanti concetti della termodinamica sono:

- Processi termodinamici: come isotermico, isobaro, isocoro, adiabatico, ecc. Descrivono come variano grandezze termodinamiche come temperatura, volume o pressione durante un processo.

- Ciclo termodinamico: una serie di processi termodinamici che riporta un sistema al suo stato iniziale. Per esempio, il ciclo di Carnot.

- Macchine termiche: dispositivi che convertono calore in lavoro utile. Per esempio, motori a combustione interna. Il loro rendimento è limitato dalla seconda legge.

- Entalpia: funzione termodinamica che descrive l'energia totale di un sistema, legata alla sua capacità di compiere lavoro.

- Energia libera: altra funzione termodinamica che determina la spontaneità di un processo. I processi spontanei diminuiscono l'energia libera.

- Potenziali termodinamici: funzioni che determinano lo stato di equilibrio di un sistema, come energia interna, entropia ed energia libera.

- Equazioni di stato: mettono in relazione variabili termodinamiche come pressione, volume e temperatura per un dato sistema. Per esempio, l'equazione di stato dei gas perfetti.

- Teoria cinetica dei gas: spiega le proprietà dei gas in termini di moto microscopico delle molecole. Permette di derivare le leggi dei gas perfetti.

Le leggi della termodinamica impongono condizioni e restrizioni fondamentali su come l'energia termica viene trasferita e conservata in atmosfera, e ciò deve essere considerato nel valutare qualsiasi teoria climatica.

*** Calore e temperatura**

Calore e temperatura sono due concetti fisici correlati ma distinti. È essenziale stabilire chiaramente le loro definizioni per analizzare correttamente i processi termici in atmosfera.

Il calore è definito come l'energia in transito a causa di una differenza di temperatura tra un sistema e l'ambiente circostante. Rappresenta il contenuto totale di energia cinetica delle particelle di un oggetto o sistema, ossia l'energia associata al moto casuale di atomi e molecole.

L'unità di misura del calore nel Sistema Internazionale è il joule (J). Altri multipli comunemente usati sono la caloria e la kilocaloria. Il calore fluisce spontaneamente dagli oggetti più caldi verso quelli più freddi finché non si raggiunge l'equilibrio termico.

Invece, la temperatura è una grandezza intensiva che misura il grado o livello di calore di un sistema termodinamico. È proporzionale all'energia cinetica media delle particelle. Le sue unità di misura sono il kelvin (K) e il grado Celsius (°C).

La temperatura non equivale alla quantità totale di calore. Un sistema può avere temperatura elevata con poco calore totale se la sua massa è piccola. Questa distinzione è essenziale in fisica dell'atmosfera, dove il calore dell'aria dipende sia dalla temperatura sia dal suo volume.

Calore e temperatura sono legati dall'equazione:

$$Q = m * c * \Delta T$$

dove Q è il calore, m la massa del sistema, c il calore specifico e ΔT la variazione di temperatura.

In sintesi, la temperatura indica l'intensità del calore di un sistema, mentre il calore o energia termica rappresenta l'energia totale sotto forma di moto microscopico casuale delle particelle. Questa differenza è chiave nello studio del trasferimento di energia in atmosfera.

***Relazione tra calore e temperatura**

Sebbene siano concetti correlati, calore e temperatura sono distinti. Il calore è energia trasferita tra sistemi, mentre la temperatura riflette l'energia cinetica interna delle molecole all'interno di un sistema. La temperatura governa la direzione del flusso di calore, che si muove sempre spontaneamente da temperature più alte a più basse. Tuttavia, il calore in sé non costituisce temperatura. Confondere calore e temperatura può portare a conclusioni non scientifiche.

La temperatura è definita come una misura dell'energia cinetica media delle molecole all'interno di un sistema. Riflette lo stato energetico interno del sistema. La temperatura non implica trasferimento di energia. Viene misurata su scale come Celsius, Kelvin, ecc.

***Differenze tra calore e temperatura**

Sebbene calore e temperatura siano correlati, la loro relazione precisa ha caratteristiche distinte:

- Il flusso di calore dipende dalla differenza di temperatura, ma la temperatura non fluisce tra oggetti. La temperatura è intrinseca a un sistema.
- Il flusso di calore cessa una volta raggiunto l'equilibrio termico e la differenza di temperatura è zero.
- Il calore ha una direzionalità: fluisce spontaneamente dal caldo al freddo. La temperatura non ha direzione.
- Il calore dipende da massa, calore specifico e variazione di temperatura. La temperatura dipende solo dall'energia cinetica molecolare.

In generale, distinguere correttamente calore e temperatura è essenziale per valutare le teorie del trasferimento di calore. Confondere i due concetti o attribuire impropriamente le caratteristiche di uno all'altro può portare a conclusioni pseudoscientifiche, come dimostrato dalla teoria dell'effetto serra. Una teoria scientificamente valida deve riflettere la relazione precisa tra questi importanti parametri termodinamici.

Energia termica

Il calore è il trasferimento di energia termica tra sistemi. L'energia termica si riferisce all'energia cinetica e potenziale totale interna delle molecole all'interno di una sostanza. È legata allo stato di temperatura della materia. La teoria della serra equipara impropriamente l'energia radiante dei fotoni infrarossi con l'energia termica e il calore. Ma la radiazione infrarossa non contiene energia termica molecolare. La luce non ha massa.

In sintesi, la temperatura deriva dall'energia cinetica molecolare, mentre il calore è il trasferimento di energia termica tra sistemi di temperatura. La radiazione infrarossa non costituisce né temperatura né trasferimento di calore. Confondere questi concetti è errato. Una teoria climatica scientificamente valida deve distinguere correttamente temperatura e calore.

6. Teoria cinetica dei gas

Per analizzare approfonditamente la teoria dell'effetto serra e la termodinamica dell'atmosfera terrestre, dobbiamo comprendere il comportamento di gas come azoto, ossigeno, vapore acqueo e anidride carbonica che compongono l'aria. La teoria cinetica dei gas fornisce queste basi.

La teoria cinetica descrive i gas come composti di molecole in continuo moto casuale. Collega le proprietà e le leggi macroscopiche dei gas alle collisioni e ai moti molecolari microscopici. I principi chiave della teoria cinetica sono:

- I gas sono costituiti da particelle (molecole o atomi) ampiamente distanziate che sono in costante moto casuale.
- Le particelle in rapido movimento collidono costantemente tra loro e con le pareti del contenitore, scambiando quantità di moto ed energia.
- La temperatura del gas corrisponde direttamente all'energia cinetica media delle particelle. Energia cinetica più elevata significa temperature più elevate.
- Le variazioni di temperatura, pressione, volume e densità di un gas possono essere spiegate dalle collisioni e dai moti delle particelle costituenti.
- Le molecole di gas più leggere si muovono più velocemente di quelle più pesanti alla stessa temperatura.
- Fenomeni di trasporto nei gas come diffusione, viscosità, conduzione, ecc. derivano da moti e collisioni molecolari.

Diverse importanti leggi sui gas, come la legge di Boyle, la legge di Charles, la legge di Gay-Lussac e la legge di Avogadro, possono essere derivate dai concetti della teoria cinetica. La teoria fornisce un quadro critico per analizzare la dinamica e le proprietà termiche dell'atmosfera terrestre.

***Legge di Charles e comportamento dei gas**

La legge di Charles afferma che per una quantità fissa di gas a pressione costante, il suo volume è direttamente proporzionale alla sua temperatura assoluta.

Matematicamente:

$V \propto T$

Oppure, $V/T = k$

Dove V è il volume, T è la temperatura sulla scala Kelvin e k è una costante.

La legge di Charles ha senso intuitivo secondo la teoria cinetica, poiché l'aumento della temperatura corrisponde cineticamente a un moto molecolare più rapido. Le molecole di gas che si muovono più velocemente esercitano una pressione maggiore sulle pareti del contenitore, espandendo il volume.

Alcuni comportamenti chiave dei gas spiegati dalla legge di Charles:

- A temperature più elevate, le molecole del gas si muovono più velocemente e si espandono di più, aumentando il volume.
- La diminuzione della temperatura rallenta il moto molecolare e contrae il volume.
- La diminuzione del volume aumenta le collisioni tra molecole, aumentando pressione e temperatura.
- La legge di Charles non vale in condizioni come alte pressioni o basse temperature in cui le forze intermolecolari diventano significative.

Quindi, la legge di Charles mostra la forte correlazione tra temperatura e volume di un gas derivante dalla cinetica molecolare. Ciò fornisce una base per analizzare la relazione tra temperatura, volume e comportamento molecolare nell'atmosfera terrestre.

***Contributi di Boltzmann e Maxwell**

Sviluppando precedenti lavori, i fisici Ludwig Boltzmann e James Clerk Maxwell hanno dato importanti contributi alla teoria cinetica dei gas nel XIX secolo. Le loro idee hanno ulteriormente collegato le proprietà microscopiche delle molecole al comportamento macroscopico del gas che osserviamo.

I principali contributi di Boltzmann includono:

- Collegare il moto termico casuale delle molecole alla seconda legge della termodinamica.

- Introduzione di metodi statistici per studiare le distribuzioni di probabilità delle velocità e delle energie molecolari.

- Collegamento dell'entropia al numero di possibili stati microscopici di un sistema.

- Derivazione della distribuzione di Boltzmann che dà la frazione di molecole in un gas che ha una certa energia.

I principali contributi di Maxwell includono:

- Modellazione della distribuzione di velocità delle molecole del gas attraverso la statistica.

- Descrizione delle collisioni molecolari e identificazione del loro effetto sulle proprietà macroscopiche dei gas.

- Formulazione della distribuzione Maxwell-Boltzmann che dà la frazione di molecole entro un certo intervallo di velocità.

- Dimostrazione che la viscosità del gas deriva dal trasferimento di quantità di moto durante le collisioni.

- Dimostrazione che la temperatura è proporzionale all'energia cinetica media molecolare.

Insieme, il loro lavoro ha fornito solide basi matematiche e concettuali per la teoria cinetica e ha approfondito la nostra comprensione dei gas.

***Applicazione della teoria cinetica all'atmosfera**

La teoria cinetica fornisce un utile quadro di riferimento per comprendere le proprietà termiche e la dinamica dell'atmosfera terrestre in relazione alla sua composizione molecolare. Alcune applicazioni chiave includono:

- La temperatura atmosferica è una misura diretta dell'energia cinetica media (velocità) delle molecole gassose che compongono l'aria. Le altitudini più basse hanno temperature più elevate a causa del movimento più veloce delle molecole di gas.

- La densità dell'atmosfera si espande quando viene riscaldata a causa dell'aumento delle velocità molecolari e delle collisioni tra loro e con le pareti del contenitore (la gravità della Terra).

- I cambiamenti nella temperatura atmosferica, nella pressione e nella densità con l'altitudine possono essere spiegati dalle variazioni delle energie cinetiche molecolari.

- Il trasferimento di calore attraverso l'atmosfera per conduzione e convezione è guidato da collisioni molecolari e moti diffusivi.

- La capacità termica dell'atmosfera dipende dalla sua miscela di molecole biatomiche (O2, N2) e poliatomiche (CO2, H2O) che influenzano i gradi di libertà molecolare.

- L'insolazione solare aggiunge grandi quantità di energia termica all'atmosfera cambiando la distribuzione delle velocità e delle energie molecolari.

- I gas serra assorbono ed emettono radiazioni infrarosse in base ai loro unici stati rotazionali, vibrazionali ed elettronici molecolari quando eccitati.

- La teoria cinetica suggerisce che le distribuzioni di velocità e i trasferimenti di energia tra le molecole atmosferiche guidano i modelli climatici.

Pertanto, la teoria cinetica fornisce un quadro microscopico e meccanicistico per modellare la termodinamica macroscopica dell'atmosfera e il trasferimento di calore. Questa prospettiva è utile per criticare aspetti della teoria dell'effetto serra.

***Comprensione della Composizione Atmosferica**

L'atmosfera è un complesso miscuglio di diversi gas, ognuno dei quali svolge un ruolo unico nel determinare le caratteristiche termiche e fisiche del pianeta. Per comprendere veramente il sistema atmosferico, dobbiamo prima esaminare i componenti fondamentali che compongono il nostro involucro atmosferico.

I gas sono entità dinamiche, in costante movimento, con la loro energia cinetica direttamente correlata alla temperatura del sistema. Alla temperatura di riferimento standard di 15°C (288 Kelvin), queste molecole si muovono a velocità notevoli, creando una danza atmosferica intricata e dinamica.

Composizione Molecolare dell'Atmosfera

La nostra atmosfera non è una sostanza uniforme, ma un miscuglio accuratamente bilanciato di diverse specie molecolari. Attraverso un'analisi scientifica precisa, possiamo scomporre la composizione atmosferica con notevole precisione:

1. Azoto (N_2):
- Gas predominante nell'atmosfera
- Costituisce il 78% delle molecole atmosferiche
- Peso molecolare: 28 g/mol
- Velocità cinetica media a 15°C: 506,38 m/s

2. Ossigeno (O_2):
- Secondo gas più abbondante
- Rappresenta il 21% delle molecole atmosferiche
- Peso molecolare: 32 g/mol
- Velocità cinetica media a 15°C: 473,67 m/s

3. Argon (Ar):
- Un gas nobile con minima reattività chimica
- Costituisce lo 0,934% delle molecole atmosferiche
- Peso molecolare: 39,9 g/mol
- Velocità cinetica media a 15°C: 424,2 m/s

4. Biossido di Carbonio (CO_2):
- Spesso discusso nei dibattiti sul clima
- Rappresenta un minimo dello 0,04% delle molecole atmosferiche
- Peso molecolare: 44 g/mol
- Velocità cinetica più bassa a 15°C: 403,95 m/s

Parti per Milione: Un'Analisi Dettagliata

Per apprezzare veramente le quantità microscopiche di gas traccia, gli scienziati utilizzano la misurazione delle parti per milione (ppm). Questa metrica precisa consente una rappresentazione esatta delle concentrazioni di gas all'interno della miscela atmosferica.

Concentrazione di gas atmosferici (parti per milione):

- Azoto (N2): 780.800 ppm
- Ossigeno (O2): 209.450 ppm
- Argon (Ar): 9.340 ppm
- Biossido di Carbonio (CO2): 410 ppm

Da questi rilevamenti, emerge un'osservazione critica: il biossido di carbonio rappresenta una frazione estremamente ridotta della composizione atmosferica. Per ogni milione di molecole presenti nell'atmosfera, solo 410 sono molecole di biossido di carbonio.

Prospettiva dell'Energia Cinetica

Interessantemente, nonostante le loro diverse concentrazioni, questi gas mostrano livelli sorprendentemente simili di energia cinetica alla temperatura standard:

- Azoto: 3.589,89 joule
- Ossigeno: 3.589,81 joule
- Argon: 3.589,92 joule
- Biossido di Carbonio: 3.589,86 joule

Questa distribuzione energetica, pressoché identica, suggerisce una dinamica atmosferica più complessa di quanto modelli semplicistici potrebbero proporre.

Analisi del Contributo Termico

Esaminando il contributo termico di ciascun gas, le proporzioni diventano ancora più rivelative:

- L'Azoto contribuisce approssimativamente 11.715 °C
- L'Ossigeno contribuisce approssimativamente 3.165 °C
- L'Argon contribuisce approssimativamente 0,144 °C
- Il biossido di carbonio contribuisce appena 0,006 °C

Questi calcoli dimostrano l'impatto termico minimale del biossido di carbonio nella regolazione complessiva della temperatura atmosferica.

Osservazioni Finali

Per comprendere la composizione atmosferica, è necessario adottare un approccio sfaccettato, molecola per molecola. L'atmosfera non è un'entità statica, ma un sistema dinamico in cui ogni gas svolge un ruolo specifico, misurato con precisione. La narrazione tradizionale riguardante l'impatto del biossido di carbonio sul clima potrebbe richiedere una rivalutazione significativa quando analizzata attraverso la lente della termodinamica molecolare.

I capitoli del libro approfondiranno queste interazioni molecolari, sfidando i modelli climatici esistenti e fornendo un esame scientifico rigoroso del trasferimento di energia atmosferico.

7. Analisi Cinetica Molecolare

L'analisi cinetica molecolare fornisce una comprensione fondamentale della dinamica atmosferica esaminando il movimento e l'energia delle molecole di gas. In essenza, questo approccio rivela la danza intricata delle molecole che collettivamente definiscono le nostre condizioni atmosferiche.

Velocità Cinetiche dei Gas Atmosferici a 15°C

La formula della velocità quadratica media (MSV) serve come pietra angolare della nostra analisi:

MSV = √(3RT/M)

Dove:

- MSV: Velocità quadratica media
- R: Costante universale dei gas (8,31 J/mol·K)
- T: Temperatura in Kelvin (288 K o 15 °C)
- M: Massa molare del gas

Calcoli Dettagliati della Velocità Molecolare

Azoto (N2)

Caratteristiche Molecolari

- Composizione: 78% delle molecole atmosferiche
- Massa molare: 28 g/mol (0,028 kg/mol)

Calcolo della Velocità

- Temperatura: 288 K
- Calcolo: √ (3 * 8,31 * 288) / 0,028
- Velocità risultante: 506,38 m/s

Ossigeno (O2)

Caratteristiche Molecolari

- Composizione: 21% delle molecole atmosferiche
- Massa molare: 32 g/mol (0,032 kg/mol)

Calcolo della Velocità

- Temperatura: 288 K
- Calcolo: √ (3 * 8,31 * 288) / 0,032
- Velocità risultante: 473,67 m/s

Argon (Ar)

Caratteristiche Molecolari

- Composizione: 0,934% delle molecole atmosferiche
- Massa molare: 39,9 g/mol (0,0399 kg/mol)

Calcolo della Velocità

- Temperatura: 288 K
- Calcolo: √(3 * 8,31 * 288) / 0,0399
- Velocità risultante: 424,2 m/s

Anidride Carbonica (CO2)

Caratteristiche Molecolari

- Composizione: 0,04% delle molecole atmosferiche
- Massa molare: 44 g/mol (0,044 kg/mol)

Calcolo della Velocità

- Temperatura: 288 K
- Calcolo: √ (3 * 8,31 * 288) / 0,044
- Velocità risultante: 403,95 m/s

Movimento Molecolare Comparativo

Classifica di Velocità

1. Azoto: 506,38 m/s
2. Ossigeno: 473,67 m/s
3. Argon: 424,2 m/s
4. Anidride Carbonica: 403,95 m/s

Prospettive Analitiche

Correlazione di Velocità

- Relazione inversa tra massa molecolare e velocità
- Molecole più leggere si muovono più velocemente
- Molecole più pesanti si muovono più lentamente

Osservazioni Significative

Modelli di Movimento Molecolare

- Le molecole di azoto mostrano la velocità più alta
- Le molecole di anidride carbonica dimostrano la velocità più bassa
- Variazione minima nell'energia cinetica complessiva nonostante le differenze di velocità

Concentrazione vs Velocità

- L'azoto domina la composizione atmosferica (78%)
- Mostra la velocità molecolare più alta (506,38 m/s)
- L'anidride carbonica rappresenta un gas in tracce (0,04%)
- Mostra la velocità molecolare più bassa (403,95 m/s)

Implicazioni per la Dinamica Atmosferica

1. Uniformità Molecolare

- Energia cinetica costante in molecole di gas diverse
- Sfida ai modelli semplificati di trasferimento del calore

2. Distribuzione della Velocità

- Il movimento molecolare varia inversamente con la massa
- Dimostra complesse dinamiche energetiche atmosferiche

Conclusioni Finali

L'analisi cinetica molecolare rivela una sofisticata danza di molecole atmosferiche. Le sottili variazioni di velocità ed energia molecolare sfidano la nostra comprensione dei processi atmosferici, invitando a ulteriori indagini scientifiche.

Il mondo intricato del movimento molecolare offre una prospettiva sugli intricati sistemi che governano le nostre condizioni atmosferiche, ricordandoci la straordinaria precisione che sottende a fenomeni atmosferici apparentemente semplici.

8. Calcoli dell'Energia Cinetica

L'analisi molecolare per comprendere l'energia cinetica molecolare si basa sullo studio del movimento e dell'energia che origina in ogni molecola, per comprendere il livello di energia di ogni molecola. Basato su una temperatura di 15°C, che è la temperatura media dell'atmosfera.

Calcolo delle Energie Cinetiche dei Gas Atmosferici

L'approccio fondamentale per comprendere l'energia atmosferica coinvolge due formule chiave:

1. Formula della Velocità Quadratica Media:

RMV = √(3RT/M)

- RMV: Velocità Quadratica Media
- R: Costante dei Gas Universale (8,31 J/mol·K)
- T: Temperatura in Kelvin
- M: Massa molare del gas

2. Formula dell'Energia Cinetica:

KE = ½mv^2

- KE: Energia cinetica
- m: Massa
- v: Velocità

Calcoli Dettagliati dell'Energia Cinetica Molecolare

Azoto (N2)

Caratteristiche Molecolari

- Composizione: 78% delle molecole atmosferiche
- Massa molare: 28 g/mol (0,028 kg/mol)

Calcolo della Velocità

RMV = √(3RT/M)

- Temperatura: 288 K
- Calcolo: √ (3 * 8,31 * 288) / 0,028
- Velocità risultante: 506,38 m/s

Calcolo dell'Energia Cinetica

La formula KE = ½mv^2

Massa (m) = 0,028 kg/mol

Velocità = 506,38 m/s

- KE = ½ * 0,028 * $(506,38)^2$
- KE = ½ * 0,028 * 256.416,3044
- KE = 3.589,89 J

L'energia cinetica (Ek) di un corpo con massa m = 0,028 chilogrammi e

velocità v = 506,38 m/s è equivalente a 3.589,89 J

Ossigeno (O2)

Caratteristiche Molecolari

- Composizione: 21% delle molecole atmosferiche
- Massa Molare: 32 g/mol (0,032 kg/mol)

Calcolo della Velocità

- Temperatura: 288 K
- Calcolo: √ (3 * 8,31 * 288) / 0,032
- Velocità: 473,67 m/s

Calcolo dell'Energia Cinetica

La formula EK = $½mv^2$

Massa (m) = 0,032 kg/mol

Velocità = 473,67 m/s

- EK = ½ * 0,032 * $(473,67)^2$
- EK = ½ * 0,032 * 224.363,2689
- EK = 3.589,81 J

L'energia cinetica (Ek) di un corpo con massa m = 0,032 chilogrammi e

velocità v = 473,67 m/s è equivalente a 3.589,81 J

Argon (Ar)

Caratteristiche Molecolari

- Composizione: 0,934% delle molecole atmosferiche
- Massa Molare: 39,9 g/mol (0,0399 kg/mol)

Calcolo della Velocità

- Temperatura: 288 K

- Calcolo: √ (3 * 8,31 * 288) / 0,0399
- Risultato Velocità: 424,2 m/s

Calcolo dell'Energia Cinetica

La formula $EK = ½mv^2$

Massa (m) = 0,0399 kg/mol

Velocità = 473,67 m/s

- $EK = ½ * 0,0399 * (424,2)^2$
- EK = ½ * 0,0399 * 179.945,64
- EK = 3.589,92 J

L'energia cinetica (Ek) di un corpo con massa m = 0,0399 chilogrammi e

velocità v = 424,20 m/s è equivalente a 3.589,92 J

Biossido di Carbonio (CO_2)

Caratteristiche Molecolari

- Composizione: 0,04% delle molecole atmosferiche
- Massa Molare: 44 g/mol (0,044 kg/mol)

Calcolo della Velocità

- Temperatura: 288 K
- Calcolo: √ (3 * 8,31 * 288) / 0,044
- Risultato Velocità: 403,95 m/s

Calcolo dell'Energia Cinetica

La formula $EK = ½mv^2$

Massa (m) = 0,044 kg/mol

Velocità = 403,95 m/s

- $EK = ½ * 0,044 * (403,95)^2$
- EK = ½ * 0,044 * 163.175,6025
- EK = 3.589,86 J

L'energia cinetica (Ek) di un corpo con massa m = 0,044 chilogrammi e

velocità v = 403,95 m/s è equivalente a 3.589,86 J

Energia Cinetica dei Gas Atmosferici Primari

A 15 °C (288 K), i calcoli dell'energia cinetica dei gas atmosferici primari rivelano un'affascinante uniformità:

Gas	Velocità (m/s)	Energia Cinetica (J)
Azoto (N_2)	506,38	3.589,89
Ossigeno (O_2)	473,67	3.589,81
Argon (Ar)	424,20	3.589,92
Biossido di Carbonio (CO_2)	403,95	3.589,86

Contributi Energetici Comparativi

L'analisi dimostra una notevole coerenza nell'energia cinetica dei gas atmosferici, con sottili variazioni: ogni gas presenta livelli di energia cinetica quasi identici.

***Anidride Carbonica nell'Atmosfera**

L'anidride carbonica rappresenta una componente minuscola ma criticamente esaminata della nostra composizione atmosferica. Per comprendere la sua distribuzione precisa, è necessario un approccio a livello molecolare che vada oltre le narrative semplicistiche sul riscaldamento globale.

Ripartizione della Composizione Atmosferica

L'atmosfera è una miscela complessa di gas, in cui l'anidride carbonica occupa una frazione sorprendentemente piccola della composizione molecolare totale:

Analisi delle Parti per Milione (PPM)

- Azoto (N_2): 780.800 ppm
- Ossigeno (O_2): 209.450 ppm
- Argon (Ar): 9.340 ppm
- Anidride Carbonica (CO_2): 410 ppm

Prospettiva Molecolare

Per comprendere veramente la presenza di CO_2 nell'atmosfera, dobbiamo esaminare le sue caratteristiche molecolari alla temperatura di riferimento standard di 15°C:

1. Peso Molecolare

- Peso molecolare della CO_2: 44 g/mol
- Il più pesante tra i gas atmosferici primari

2. Velocità Molecolare

- Velocità della CO_2: 403,95 m/s
- La più bassa tra le molecole atmosferiche primarie

Contributo Termico

Calcoli dell'Energia Cinetica

L'energia termica della CO_2 è di 3.589,86 joule, quasi uguale a quella di tutti i gas atmosferici per molecola.

Analisi del Trasferimento di Calore

Contributo Energetico Termico nell'Atmosfera:

- Anidride Carbonica: 1.471.843 joule

Analisi Percentuale

Distribuzione Molecolare

- Anidride Carbonica: 0,04%

Contributo Termico di Temperatura

- Anidride Carbonica: 0,006°C

Osservazioni Critiche

1. Prospettiva di Concentrazione

- La CO_2 rappresenta solo 410 molecole per milione
- L'azoto predomina con 780.800 molecole per milione

2. Impatto Termico

- Il contributo della temperatura della CO_2 è matematicamente insignificante
- Calcolato solo a 0,006°C della temperatura atmosferica totale di 15°C

Implicazioni e Interpretazioni

1. Contributo Termico Minimo

- Il ruolo della CO_2 nel riscaldamento atmosferico sembra significativamente esagerato

- La distribuzione dell'energia termica della CO_2 è notevolmente uniforme tra i gas per molecola e molto bassa per volume

2. Dinamiche di Concentrazione

- La composizione atmosferica è dominata da azoto e ossigeno

- La CO_2 rappresenta una frazione minuscola della composizione molecolare totale

Riflessioni Finali

L'anidride carbonica emerge non come un driver atmosferico dominante, ma come un gas traccia con un impatto termico minimo. L'analisi a livello molecolare invita a una comprensione più sofisticata della dinamica atmosferica, sfidando le narrative climatiche esistenti.

*Qual è la temperatura del pianeta se eliminiamo la CO_2 dall'atmosfera?

Per sapere di quanto diminuirebbero la temperatura e il calore nell'atmosfera, dobbiamo comprendere cosa sono temperatura e calore:

Definizioni:

- Il calore, q, è l'energia termica trasferita da un sistema più caldo a un sistema più freddo che sono in contatto.

- La temperatura è una misura dell'energia cinetica media degli atomi o delle molecole nel sistema.

Possiamo calcolare il calore rilasciato o assorbito usando il calore specifico C, la massa m della sostanza e la variazione di temperatura Delta T nell'equazione:

q = m * C * Delta T

Innanzitutto, comprendiamo l'energia cinetica delle molecole nel sistema atmosferico a 15°C:

Azoto: 3589,89 J

Ossigeno: 3589,81 J

Argon: 3589,92 J

CO2: 3589,86 J

Tutte le molecole hanno quasi la stessa energia cinetica a 15°C.

Ora, confermiamo la distribuzione della temperatura:

Numero di molecole per milione nell'atmosfera,

percentuale di temperatura per molecola:

Azoto: 78% = 780.000 molecole con un'energia cinetica di 3589,89 J

Ossigeno:21%=210.000 molecole con un'energia cinetica di 3589,81 J

Argon: 0,96% = 9.600 molecole con un'energia cinetica di 3589,92 J

CO2: 0,04% = 400 molecole con un'energia cinetica di 3589,86 J

Totale: 100% = 1.000.000 di molecole

Temperatura atmosferica totale: 15°C

Calcolo del contributo della CO2 alla temperatura:

Poiché la CO2 rappresenta solo lo 0,04% delle molecole nell'atmosfera, allora:

0,04% di 15°C = 0,0004 × 15°C = 0,006°C

Effetto della rimozione della CO2:

Dato che la CO2 contribuisce solo a 0,006°C della temperatura atmosferica totale, la sua eliminazione avrebbe un impatto pressoché insignificante sulla temperatura complessiva. Pertanto, la temperatura nell'atmosfera diminuirebbe leggermente da 15°C a circa 14,994°C.

Distribuzione Molecolare

Ripartizione percentuale delle molecole atmosferiche:

- Azoto: 78%
- Ossigeno: 21%
- Argon: 0,934%
- Anidride carbonica: 0,04%

Percentuale di temperatura per gas:

Azoto: 78% = 780.000 molecole = 11,715°C

Ossigeno: 21% = 210.000 molecole = 3,165°C

Argon: 0,96% = 9.600 molecole = 0,144°C

CO_2: 0,04% = 400 molecole = 0,006°C

Totale: 100% = 1.000.000 di molecole = 15,03°C

Contributo approssimativo di temperatura:

Ripartizione del contributo di temperatura:

Azoto: 11,715°C

Ossigeno: 3,165°C

Argon: 0,144°C

Anidride carbonica: 0,006°C

Analisi del Trasferimento di Calore

Contributo di energia termica nell'atmosfera:

Confronto dell'energia cinetica (a 15°C):

- Azoto: 3589,89 joule
- Ossigeno: 3589,81 joule
- Argon: 3589,92 joule
- Anidride carbonica: 3589,86 joule

Percentuale di calore per gas:

Azoto: 78% = 780.000 molecole × 3589,89 J = 2.802.986.112 joule

Ossigeno: 21% = 210.000 molecole × 3589,81 J = 751.885.705 joule

Argon: 0,96% = 9.600 molecole × 3589,92 J = 33.529.853 joule

CO_2: 0,04% = 400 molecole × 3589,86 J = 1.471.843 joule

Totale: 100% = 1.000.000 molecole = 3.589.873.513 Joule

Esaminando il trasferimento di calore dei gas atmosferici:

Contributo totale di energia termica:

- Azoto: 2.802.986.112 joule
- Ossigeno: 751.885.705 joule
- Argon: 33.529.853 joule
- Anidride carbonica: 1.471.843 joule

Calcoli percentuali per gas atmosferici:

- Azoto: (2.802.986.112 / 3.589.873.513) * 100 = 78,08%
- Ossigeno: (751.885.705 / 3.589.873.513) * 100 = 20,95%

- Argon: (33.529.853 / 3.589.873.513) * 100 = 0,93%
- Anidride carbonica: (1.471.843 / 3.589.873.513) * 100 = 0,04%

Questi gas mostrano livelli quasi identici di energia cinetica. Le loro differenze sono riflesse dalle loro significative concentrazioni nell'atmosfera.

***Distribuzione della Temperatura**

La temperatura è fondamentalmente una misura dell'energia cinetica molecolare: il movimento e l'energia media delle molecole all'interno di un sistema. Nel nostro contesto atmosferico, questo si traduce in una complessa interazione delle velocità molecolari e delle distribuzioni energetiche tra diversi componenti gassosi.

Ripartizione del Contributo Molecolare al Calore

Alla temperatura di riferimento standard di 15°C, il contributo molecolare alla temperatura atmosferica rivela una distribuzione affascinante:

1. Azoto (N2):
- Percentuale: 78%
- Contributo molecolare alla temperatura: 11,715°C
- Rappresenta il principale vettore di calore nell'atmosfera
- (2.802.986.112 joule / 3.589.873.513 joule) * 100 = 78,08%

2. Ossigeno (O2):
- Percentuale: 21%
- Contributo molecolare alla temperatura: 3,165°C
- Secondo più importante contributore di calore
- (751.885.705 joule / 3.589.873.513 joule) * 100 = 20,95%

3. Argon (Ar):
- Percentuale: 0,96%
- Contributo molecolare alla temperatura: 0,144°C

- Impatto termico minimo ma misurabile
- (33.529.853 / 3.589.873.513) * 100 = 0,93%

4. Diossido di Carbonio (CO_2):
- Percentuale: 0,04%
- Contributo molecolare alla temperatura: 0,006°C
- Influenza termica insignificante
- (1.471.843 / 3.589.873.513) * 100 = 0,04%

Calcoli del Cambiamento di Temperatura

Il documento presenta un modello matematico preciso che esplora l'impatto termico potenziale della rimozione completa del diossido di carbonio dall'atmosfera:

Condizioni Iniziali:
- Temperatura atmosferica totale: 15°C
- Contributo CO_2: 0,006°C

Calcolo di Rimozione:
- Percentuale CO_2: 0,04%
- Calcolo: 0,0004 × 15°C = 0,006°C

Temperatura Proiettata Dopo la Rimozione della CO_2:
- Nuova temperatura: 14,994°C
- Differenza di temperatura: essenzialmente insignificante

Implicazioni della Rimozione della CO_2

Stabilità Termica

L'analisi matematica suggerisce che la rimozione della CO_2 comporterebbe:

1. Un cambiamento di temperatura impercettibile
2. Il mantenimento dell'equilibrio termico atmosferico complessivo
3. Nessuna alterazione significativa delle dinamiche termiche esistenti

Prospettiva Termodinamica

Da un punto di vista strettamente termodinamico, il testo sostiene che il ruolo del diossido di carbonio nella regolazione della temperatura è fondamentalmente frainteso. L'analisi a livello molecolare suggerisce che:

- La CO_2 contribuisce minimamente al riscaldamento atmosferico
- Gli attuali modelli climatici potrebbero esagerare l'importanza termica del diossido di carbonio
- La temperatura atmosferica è prevalentemente regolata da molecole di azoto e ossigeno

Riflessioni Finali

L'analisi della distribuzione della temperatura a livello molecolare sfida i paradigmi esistenti, invitando a un dibattito scientifico sui meccanismi fondamentali della regolazione termica atmosferica. Dissezionando la temperatura al suo livello molecolare più fondamentale, apriamo nuove prospettive per comprendere i sistemi climatici globali.

***Critica Scientifica delle Teorie sul Clima**

Le narrazioni predominanti intorno al cambiamento climatico si sono a lungo concentrate sul diossido di carbonio come principale fattore delle variazioni di temperatura globale. Tuttavia, un'analisi termodinamica rigorosa mette in discussione questi presupposti fondamentali e richiede una rivalutazione fondamentale degli attuali modelli climatici.

Sfide Fondamentali alle Teorie sulla CO_2

La teoria tradizionale dell'effetto serra postula che il diossido di carbonio svolga un ruolo fondamentale nel riscaldamento atmosferico. La nostra analisi a livello molecolare presenta una chiara contraddizione a questa narrazione ampiamente accettata:

1. Discrepanza di Concentrazione

- La CO_2 comprende solo 410 parti per milione di molecole atmosferiche
- L'azoto predomina con 780.800 parti per milione

- La mera differenza volumetrica sfida l'impatto climatico proposto della CO_2

2. Analisi dell'Energia Cinetica

- Tutte le molecole atmosferiche primarie dimostrano quasi identica energia cinetica

- Le molecole di CO_2 hanno la più bassa velocità cinetica (403,95 m/s)

- Il contributo termico della CO_2 è calcolato appena a 0,006°C di temperatura e allo 0,04% di energia caloria

Prove Termodinamiche e Interpretazioni

La formula della velocità quadratica media ($RMS = \sqrt{3RT/M}$) fornisce un framework scientifico per comprendere le dinamiche molecolari:

Confronto delle Velocità Molecolari:

- Azoto: 506,38 m/s
- Ossigeno: 473,67 m/s
- Argon: 424,2 m/s
- Diossido di Carbonio: 403,95 m/s

Questi dati rivelano una percezione fondamentale: le molecole di CO_2 sono le molecole atmosferiche a movimento più lento, il che contraddice le affermazioni su un significativo influsso termico.

Calcolo dell'Energia Termica

Calcoli dell'energia cinetica per un milione di molecole atmosferiche dimostrano:

- Azoto: 2.802.986.112 J
- Ossigeno: 751.885.705 J
- Argon: 33.529.853 J
- Diossido di Carbonio: 1.471.843 J

Il contributo di energia termica della CO_2 è insignificante rispetto ad altri gas atmosferici.

Mettere in Discussione i Paradigmi Esistenti

L'analisi termodinamica qui presentata suggerisce diverse considerazioni rivoluzionarie:

1. Riesame del Ruolo della CO2

- Gli attuali modelli climatici potrebbero avere difetti fondamentali

- L'impatto della CO2 sulla temperatura globale appare significativamente esagerato

- Devono essere esplorate spiegazioni alternative per le variazioni climatiche

2. Comprendere il Clima a Livello Molecolare

- I modelli climatici tradizionali a livello macro possono ignorare cruciali dinamiche molecolari

- È necessario un approccio più sfaccettato al trasferimento di energia atmosferica

3. Critica della Metodologia Scientifica

- Il documento sfida la comunità scientifica a:

* Rivalutare le teorie esistenti sul cambiamento climatico

* Sviluppare modelli climatici più precisi a livello molecolare

* Considerare spiegazioni alternative per i fenomeni climatici osservati

Punti Chiave

1. La CO2 contribuisce solo a 0,006°C di temperatura e allo 0,04% del calore atmosferico totale

2. La rimozione della CO2 comporterebbe un cambiamento di temperatura insignificante (14,994°C contro 15°C)

3. La teoria dell'effetto serra richiede un'approfondita scrutinio scientifico

Appello al Dibattito Scientifico

Questo capitolo non cerca di confutare definitivamente il cambiamento climatico, ma invita invece:

- Un rigoroso dibattito scientifico

- Metodologie di ricerca trasparenti

- Una rivalutazione critica degli attuali modelli climatici

Conclusione

L'analisi termodinamica presentata sfida l'attuale consenso scientifico, dimostrando l'importanza critica della ricerca scientifica continua. Mettendo in discussione le teorie consolidate e pretendendo prove empiriche, la scienza progredisce.

Le possibili implicazioni si estendono ben oltre un semplice ricalcolo delle dinamiche atmosferiche. Rappresentano una sfida fondamentale alla nostra comprensione dei sistemi climatici globali, enfatizzando la necessità di un'indagine scientifica costante e imparziale.

Mentre questo capitolo presenta un'analisi provocatoria, è fondamentale comprendere che questa prospettiva rappresenta un'opinione minoritaria. Il consenso scientifico schiacciante, sostenuto politicamente e accademicamente, continua ad affermare il ruolo significativo dei gas serra, compresa la CO2, nel cambiamento climatico.

9. CONCLUSIONE

La Il libro presenta un'esplorazione approfondita e meticolosamente ricercata a livello molecolare delle dinamiche atmosferiche che mette in discussione assunzioni fondamentali della scienza climatica. Lungi dall'essere un semplice rifiuto delle teorie sul cambiamento climatico, l'opera rappresenta un'indagine scientifica sofisticata che invita a una comprensione più profonda e sfaccettata dei sistemi termici del nostro pianeta.

Metodologia Scientifica e Approccio Filosofico

In essenza, il libro incarna l'essenza della ricerca scientifica: un'instancabile ricerca di comprensione che richiede un continuo mettere in discussione i paradigmi stabiliti. L'approccio dell'autore si distingue per diverse caratteristiche chiave:

1. Analisi a Livello Molecolare

La ricerca deconstruisce i processi atmosferici ai loro livelli più fondamentali, esaminando l'intreccio complesso delle interazioni molecolari. Concentrandosi sul mondo microscopico delle molecole di gas, il libro rivela una complessità che i modelli climatici tradizionali potrebbero trascurare. Questo approccio trasforma le discussioni astratte sul clima in un'esplorazione tangibile e matematicamente precisa del trasferimento di energia e del movimento molecolare.

2. Analisi Quantitativa Rigorosa

Attraverso calcoli dettagliati delle velocità molecolari, energie cinetiche e contributi termici, il libro offre una critica basata sui dati ai modelli climatici esistenti. I risultati principali sono sorprendenti:

- Il CO_2 contribuisce solo a 0,006°C della temperatura atmosferica
- Eliminare il CO_2 provocherebbe un cambiamento di temperatura quasi impercettibile (da 15°C a 14,994°C)
- Il CO_2 rappresenta solo lo 0,04% dell'energia termica atmosferica

3. Prospettiva Scientifica Equilibrata

Da un punto di vista critico, il libro mantiene un atteggiamento scientifico equilibrato e responsabile. A differenza di molti dibattiti polarizzanti sul clima, questo libro:

- Riconosce esplicitamente di rappresentare un punto di vista minoritario
- Riconosce il consenso scientifico schiacciante a supporto delle teorie sui gas serra
- Invita al dialogo scientifico e a ulteriori ricerche

Implicazioni Più Ampie

L'opera va oltre la mera analisi tecnica per affrontare questioni filosofiche più generali sulla conoscenza scientifica:

1. Natura della Conoscenza Scientifica

Il libro serve come potente monito che la conoscenza scientifica è:

- Provvisoria
- In continua evoluzione
- Soggetta a riesame
- Approfondita attraverso l'analisi critica

2. Complessità Molecolare

Evidenziando le energie cinetiche quasi identiche delle molecole atmosferiche e le sottili variazioni nel loro movimento, il libro rivela l'straordinaria complessità dei nostri sistemi planetari. Dimostra come interazioni molecolari apparentemente minori contribuiscano alle dinamiche atmosferiche su larga scala.

3. Metodologia di Ricerca

L'autore sollecita la comunità scientifica a:

- Sviluppare modelli climatici più precisi a livello molecolare
- Mantenere trasparenza nella ricerca
- Rimanere aperti a spiegazioni alternative
- Continuare con indagini rigorose e imparziali

4. Analisi Statistica della Spiegazione dell'Effetto Serra

Temperatura nell'atmosfera

La temperatura nell'atmosfera è una misura statistica, che consiste nel misurare la velocità cinetica media di tutte le molecole che compongono l'atmosfera. Ma i gas serra sono solo lo 0,04% dell'atmosfera.

Quindi, attribuire la temperatura esclusivamente allo 0,04% delle molecole sarebbe un uso improprio delle statistiche perché:

1. Si attribuirebbe falsamente la velocità cinetica media (temperatura) del 100% delle molecole che compongono l'atmosfera solo allo 0,04% dei gas in essa, il che non è rappresentativo

2. Attribuire il risultato dell'energia cinetica media di tutte le molecole nell'atmosfera, che ci dà il valore della temperatura, solo allo 0,04% dei gas atmosferici, sottovaluterebbe in realtà l'energia cinetica degli altri 99,96% delle molecole atmosferiche. In altre parole, il corpo gassoso chiamato atmosfera viene ignorato.

3. Lo 0,04% è specificamente selezionato perché la spiegazione dell'effetto serra è basata su questi gas, il che rende questo un chiaro caso di distorsione da selezione. Questo sarebbe un adattamento della realtà per farla combaciare con la teoria dell'effetto serra.

Per illustrare con i numeri:

Se hai 10.000 molecole in totale:

- Lo 0,04% sarebbero solo 4 molecole

- Non si terrebbe conto della velocità cinetica (calore) di 9.996 molecole. In altre parole, l'intero sistema atmosferico viene completamente ignorato per spiegare il calore nell'atmosfera.

Conclusione: La spiegazione della temperatura attraverso la teoria dell'effetto serra fa un uso scadente di elementari statistiche e matematica.

Conclusioni finali:

Il lavoro si erge come testimonianza del carattere dinamico della ricerca scientifica. Esemplifica come avviene il progresso: non attraverso il rifiuto assoluto delle teorie esistenti, ma attraverso un esame attento e dettagliato che rivela nuovi livelli di complessità.

Sfidando i lettori a guardare oltre le narrative semplificate e immergersi nelle complessità molecolari della nostra atmosfera, il libro fa più che presentare un argomento scientifico. Offre un'esplorazione filosofica di come comprendiamo il mondo, ricordandoci che la vera saggezza scientifica risiede in una curiosità perenne, in un'analisi rigorosa e nell'apertura a riconcepire la nostra comprensione.

Il messaggio finale è sia ispiratore che istruttivo: la nostra conoscenza è sempre incompleta, i nostri modelli possono sempre essere migliorati, e il percorso verso la comprensione è lastricato da un dialogo scientifico continuo, critico e rispettoso.

RIFERIMENTI

1. Khan Academy, "Calore",
https://www.khanacademy.org/science/chemistry/thermodynamics-chemistry/internal-energy-sal/a/heat

2. Khan Academy, "Calore",
https://www.khanacademy.org/science/chemistry/thermodynamics-chemistry/internal-energy-sal/a/heat

3. Khan Academy, "Calore",
https://www.khanacademy.org/science/chemistry/thermodynamics-chemistry/internal-energy-sal/a/heat

4. Educaplus, "Legge di Charles",
http://www.educaplus.org/gases/ley_charles.html

5. Maxwell, JC (1867). "Sulla teoria dinamica dei gas".
Transazioni filosofiche della Royal Society of London 157: 49

6. IperFisica, "Teorema di Equipartizione",
http://hyperphysics.phyastr.gsu.edu/hbase/Kinetic/eqpar.html

7. Wikipedia, "Teorema di equipartizione",
https://en.wikipedia.org/wiki/Equipartition_theorem

8.IPCC (2007). Cambiamenti climatici 2007: le basi della scienza fisica.
Contributo del Gruppo di Lavoro I al Quarto Rapporto di Valutazione del
Gruppo intergovernativo sui cambiamenti climatici.Cambridge University Press.

9. IPCC (2007). Domande frequenti. In: Cambiamenti climatici 2007: Rapporto di sintesi. Contributo dei gruppi di lavoro I, II e III al quarto rapporto di valutazione del Gruppo intergovernativo sui cambiamenti climatici. Ginevra (Svizzera): WMO e UNEP.

INFORMAZIONI SULL'AUTORE

Rogelio Pérez Casadiego è un ricercatore indipendente appassionato di comprendere i complessi processi che governano il sistema climatico terrestre.

Pérez ha dedicato gli ultimi anni ad analizzare dati e studi sul riscaldamento globale. Questa rigorosa immersione nella letteratura scientifica esistente lo ha portato a mettere in discussione le teorie prevalenti sulle cause del fenomeno.

Con mente aperta e spirito critico, l'autore osa sfidare idee ampiamente accettate, come il ruolo primario dell'effetto serra da gas come la CO2. In questo libro presenta prove matematiche e concettuali che la CO2 non gioca un ruolo molto importante nella temperatura atmosferica.

Piuttosto che difendere una singola verità, Pérez cerca di fornire una prospettiva nuova al complesso dibattito sul cambiamento climatico. Attraverso un'analisi meticolosa e un interrogativo rispettoso, cerca di spingere la comunità scientifica a continuare l'infaticabile ricerca di comprensione del nostro mondo.

Con questo libro, l'autore invita a una discussione aperta e costruttiva, a beneficio delle future generazioni che erediteranno il pianeta.

www.ingramcontent.com/pod-product-compliance
Lightning Source LLC
LaVergne TN
LVHW040958150826
845672LV00002B/756

9798230442875